青少年科学探索营

科学发现跟踪

余海文 编著　丛书主编 郭艳红

海洋：大海其实没多大

汕头大学出版社

图书在版编目（CIP）数据

　　海洋：大海其实没多大 / 余海文编著. -- 汕头：
汕头大学出版社，2015.3（2020.1重印）
　　（青少年科学探索营 / 郭艳红主编）
　　ISBN 978-7-5658-1674-1

　　Ⅰ．①海… Ⅱ．①余… Ⅲ．①海洋－青少年读物
Ⅳ．①P7-49

　　中国版本图书馆CIP数据核字(2015)第027370号

海洋：大海其实没多大　　　　　HAIYANG：DAHAI QISHI MEIDUODA

编　　著：余海文
丛书主编：郭艳红
责任编辑：胡开祥
封面设计：大华文苑
责任技编：黄东生
出版发行：汕头大学出版社
　　　　　广东省汕头市大学路243号汕头大学校园内　邮政编码：515063
电　　话：0754-82904613
印　　刷：三河市燕春印务有限公司
开　　本：700mm×1000mm 1/16
印　　张：7
字　　数：50千字
版　　次：2015年3月第1版
印　　次：2020年1月第2次印刷
定　　价：29.80元
ISBN 978-7-5658-1674-1

前　言

科学探索是认识世界的天梯，具有巨大的前进力量。随着科学的萌芽，迎来了人类文明的曙光。随着科学技术的发展，推动了人类社会的进步。随着知识的积累，人类利用自然、改造自然的的能力越来越强，科学越来越广泛而深入地渗透到人们的工作、生产、生活和思维等方面，科学技术成为人类文明程度的主要标志，科学的光芒照耀着我们前进的方向。

因此，我们只有通过科学探索，在未知的及已知的领域重新发现，才能创造崭新的天地，才能不断推进人类文明向前发展，才能从必然王国走向自由王国。

但是，我们生存世界的奥秘，几乎是无穷无尽，从太空到地球，从宇宙到海洋，真是无奇不有，怪事迭起，奥妙无穷，神秘莫测，许许多多的难解之谜简直不可思议，使我们对自己的生命现象和生存环境捉摸不透。破解这些谜团，有助于我们人类社会向更高层次不断迈进。

其实，宇宙世界的丰富多彩与无限魅力就在于那许许多多的难解之谜，使我们不得不密切关注和发出疑问。我们总是不断地去认识它、探索它。虽然今天科学技术的发展日新月异，达到了很高程度，但对于那些奥秘还是难以圆满解答。尽管经过古今中外许许多多科学先驱不断奋斗，一个个奥秘被不断解开，推进了科学技术大发展，但随之又发现了许多新的奥秘，又不得不向新问题发起挑战。

宇宙世界是无限的，科学探索也是无限的，我们只有不断拓展更加广阔的生存空间，破解更多的奥秘现象，才能使之造福于我们人类，我们人类社会才能不断获得发展。

为了普及科学知识，激励广大青少年认识和探索宇宙世界的无穷奥妙，根据中外最新研究成果，编辑了这套《青少年科学探索营》，主要包括基础科学、奥秘世界、未解之谜、神奇探索、科学发现等内容，具有很强系统性、科学性、可读性和新奇性。

本套作品知识全面、内容精炼、图文并茂，形象生动，能够培养我们的科学兴趣和爱好，达到普及科学知识的目的，具有很强的可读性、启发性和知识性，是我们广大青少年读者了解科技、增长知识、开阔视野、提高素质、激发探索和启迪智慧的良好科普读物。

目 录

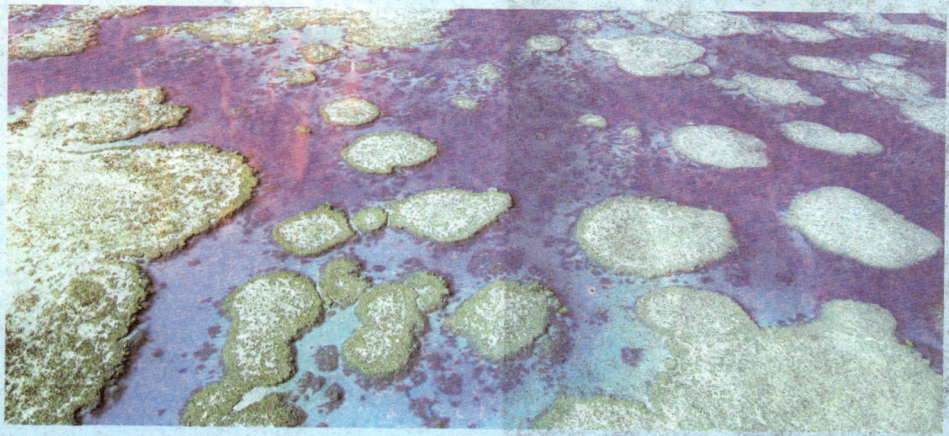

解密海和洋的差别

洋

　　洋指海洋的中心部分，是海洋的主体，面积广大，约占海洋总面积的89％。它深度大，其中4000米至6000米之间的大洋面积占全部大洋面积的近3/5。大洋的水温和盐度比较稳定，受大陆的

影响较小，又有独立的潮汐系统和完整的洋流系统，海水多呈蓝色，并且水体的透明度较大。

世界的大洋是广阔、连续的水域，通常分为太平洋、大西洋、印度洋和北冰洋。有的海洋学者还把太平洋、大西洋和印度洋最南部的连通的水体单独划分出来，称为南大洋。

海

海是大洋的边缘部分，约占海洋总面积的11％。它的面积小，深度浅，水色低，透明度小，受大陆的影响较大，水文要素的季度变化比较明显，没有独立的海洋系统，潮汐常受大陆支配，但潮差一般比大洋显著。

海按其所处的位置和其他地理特征可以分为3种类型，即陆缘海、内陆海和陆间海。

濒临大陆，以半岛或岛屿为界与大洋相邻的海，称为陆缘海，也叫边缘海，如亚洲东部的日本海、黄海、东海、南海等；伸入大陆内部，有狭窄水道同大洋或边缘海相通的海，称为内陆海，有时也直接叫作内海，如渤海、濑户内海、波罗的海、黑海等。介于两个或3个大陆之间，深度较大，有海峡与邻近海区或大洋相通的海，称为陆间海或叫地中海，如地中海、加勒比海等。

此外，根据不同的分类方法，还可以把海分成许多类型。例如，按海水温度的高低可以分为冷水海和暖水海，按海的形成原因可以分为陆架海、残迹海等。

四大洋的附属海有很多，据统计共有54个海。太平洋西南部的珊瑚海，面积达479平方千米，是世界上最大的海。介于地中海和黑海之间的马尔马拉海，面积仅为11000平方千米，是世界上最小的海。

海湾

海湾是海或洋伸入陆地的一部分，通常三面被陆地包围，并且深度逐渐变浅和宽度逐渐变窄的水域。例如，闻名世界的"石油宝库"波斯湾仅以狭窄的霍尔木兹海峡与阿曼湾相通。海湾的形成主要有3个方面的原因。

一是由于伸向海洋的岩海岸带岩性软硬程度不同，软弱的岩层不断遭到侵蚀而向陆地凹进，逐渐形成了海湾；坚硬部分向海突出形成岬角。

二是当沿岸泥沙纵向运动的沉积物形成沙嘴时，使海岸带一侧被遮挡而呈凹形海域。

三是当海面上升时，海水进入陆地，岸线变得曲折，凹进的部分即成海湾。海湾由于两侧岸线的遮挡，在湾内形成波影区，使波浪、潮汐的能量降低。沉积物在湾顶沉积形成海滩。

当运移沉积物的能量不足时，可在湾口、湾中形成拦湾坝，分别称为湾口坝、湾中坝。

不过，海与湾有时也没有严格的区别，比斯开湾、孟加拉湾、几内亚湾、墨西哥湾、澳大利亚湾等，实际上都是陆缘海或内陆海。

海峡

海峡是两端连接海洋的狭窄水道。它们有的分布在大陆或大陆之间，有的则分布在大陆与岛屿或岛屿与岛屿之间。全世界共有海峡1000多个，其中适于航行的约有130个，而经常用于国际航行的主要海峡有40多个。

例如，介于欧洲大陆与大不列颠岛之间的英吉利海峡和多佛尔海峡，沟通太平洋与印度洋的马六甲海峡，被称为波斯湾油库

"阀门"的霍尔木兹海峡，我国东部的"海上走廊"台湾海峡，沟通南大西洋和南太平洋的航道麦哲伦海峡，以及作为地中海"门槛"的直布罗陀海峡等。

延 伸 阅 读

　　海洋是地球表面除陆地水以外的水体的总称，人们习惯上称它为海洋。其实，海和洋就地理位置和自然条件来说，是海洋大家庭中的不同成员。可以这么说，洋犹如地球水域的躯干，而海连同另外两个成员海湾和海峡则是它的肢体。

海流成因的发现

海流

海洋中的海水按一定方向有规律地从一个海区向另一个海区流动，人们把海水的这种运动称为洋流，也叫做海流。海流比陆地上的河流规模大，一般长达数千米，比长江、黄河还要长，宽度则相当于长江最宽处的几十倍甚至几百倍。

河流两岸是陆地，河水与河岸界线分明，一目了然；而海流

在茫茫大海中，海流的"两岸"依然是滔滔的海水，界线不清，难以辨认。海洋中的这种海流曾经协助过许多航海者。哥伦布的船队就是随着大西洋的北赤道暖流西行，发现了新大陆；麦哲伦环球航行时，穿过麦哲伦海峡后，也是沿着秘鲁寒流北上，再随着太平洋的南赤道暖流西行，横渡了辽阔的太平洋。

海流没有被发现的原因

1856年，一名水手在海滩的沙层中发现了一个黑色的涂满了沥青的椰子球，劈开后里面是一封羊皮纸信，是1498年意大利航海家哥伦布在第二次西航途中给西班牙国王和王后的一封信。那么，它是如何漂到这里来的呢？其实，它是海洋中的"河流"，即海流带来的。

长期与海洋打交道的海员和渔民都知道海洋中有海流存在。它们像陆地上的河流，日复一日沿着比较固定的路线流动着。只是河流两岸是陆地，河岸就像是固定的目标可做比照，一望就知道河流是在流动着的。

海流两边仍然是海水，肉眼很难把它分辨出来，因而在很长一段时间里，海流没有被人们发现。

关于海流的观测

人们为了认识海流，从18世纪末期起便开始利用一种叫漂流瓶的东西进行对海流的观测。在这种漂流瓶里装有一封信，信上写了该瓶的投放者、投放的时间和地点等，并要求拾到者向投放者报告拾到的时间和地点。

100多年来，人们总共投放了约15万个漂流瓶，进行着海流的观测研究，从而知道了整个海洋中约有32条海流，其中最大的

海流宽数百千米，长上万千米，规模非常巨大。

它们把热带高温的海水带向寒带水域，又把寒带海域的冷水带向热带。它们的运动不断地影响着沿途的气候。船员们也就利用这种海流流动的本领进行送信件、递情报。

海流成因

第一种成因海面上的风力驱动形成风生海流。由于海水运动中黏滞性对动量的消耗，这种流动随深度的增大而减弱，直至小到可以忽略，其所涉及的深度通常只为几百米，相对于几千米深的大洋而言是一个薄层。

海流形成的第二种原因是海水的温盐变化。因为海水密度的分布与变化直接受温度、盐度的支配，而密度的分布又决定了海洋压力场的结构。

实际上海洋中的等压面往往是倾斜的，即等压面与等势面并

不一致，这就在水平方向上产生了一种引起海水流动的力，从而导致了海流的形成。另外，海面上的"增密效应"又可直接地引起海水在铅直方向上的运动。海流形成之后，由于海水的连续性，在海水产生辐散或辐聚的地方将导致升、降流的形成。

风海流是风玩的把戏吗

如果风总是朝着一个方向吹，那么会怎样呢？风在海洋表面吹过时，风对海面的摩擦力，以及风对波浪迎风面施加的风压，迫使海水顺着风的方向在浩瀚的海洋里做长距离的远征，这样形成的洋流被称为风海流。

风海流受地球自转偏向力的影响，表面海水的流动方向与风向发生偏离。北半球表面海流的流向偏往风向的右方，而南半球则偏向左方，即北半球向右偏，南半球向左偏。

　　表面海水的流动，由摩擦力带动了下层海水也发生流动；由于自上而下的层层牵引，深层海水也可以流动，只是流速受摩擦力的影响越来越小。到达某一深度时，流速只有表面流速的4.3%左右。这个深度就是风海流对深层水域影响的下限，被称为风海流的摩擦深度，大洋中一般在200米至300米深处。

延 伸 阅 读

　　海流规模比起陆地上的巨江大川要大出成千上万倍。海水流动可以推动涡轮机发电，为人们输送源源不断的绿色能源。我国的海流能源很丰富，沿海海流的理论平均功率为1.4亿千瓦。

海流的功与过

海流对气候的影响

海流对气候的影响很大，它不仅使沿途的气温升高或降低，延长或缩短暖季或寒季的持续时间，而且能够影响降水量的多少和季节的分配。

北太平洋西部的黑潮暖流尽管没有贴近亚洲大陆边缘流动，但对我国的气候却有明显的影响，有这样几件事引人深思。

　　1953年，黑潮的平均位置向南移动了大约170千米；第二年，我国的江淮地区雨水滂沱，出现了百年未见的水灾；1957年和1958年，黑潮的平均位置又较之往年北移了。结果，1958年，我国的长江流域梅雨减少，发生旱灾，而华北地区大雨倾盆，形成水灾。

　　有些科学工作者研究了黑潮变动与旱涝灾害的相互关系，发现我国东部沿海地区的气候受黑潮暖流的影响很大。

海流对海洋生物的影响

　　在寒、暖流交汇的海区，海水受到扰动，可把下层丰富的营养盐类带到表层，使浮游生物大量繁殖，各种鱼类到此觅食。同时，两种海流汇合可以形成"潮峰"，是鱼类游动的障壁，鱼群集中，形成渔场。

　　在有明显上升流的海域也能形成渔场。此外，海流的散播作用是对海洋最直接和最重要的影响，它能散布生物的孢子、卵、幼体和许多成长了的个体，从而影响海洋生物的地理分布。

海流对海洋交通业的影响

一般说来，顺着洋流航行的海轮要比逆着海流行进的海轮速度明显加快。例如，1492年，哥伦布第一次横渡大西洋到美洲，用了37天才到达大洋彼岸。

1493年，哥伦布再次做环球旅行，从欧洲出发后，他先向南航行了10个纬度，然后再向西横渡大西洋。结果，只用了20天时间就完成了横渡的全部航程，其实是海流帮了他的大忙。

原来，第一次航行时，哥伦布的船队是从加那利群岛出发，逆着北大西洋暖流航行的，所以航速较慢。

第二次航行时，船队先是顺着加那利寒流向南航行，然后又顺着北赤道海流一直向西。同时，哥伦布船队远航时正好偶然进

入了盛行的东北信风带，顺水顺风，速度自然比较快。

例如，北大西洋西北部，从加拿大北极群岛与格陵兰岛附近海域，南下汇聚成的拉布拉多寒流，在纽芬兰岛东南海域同墨西哥湾暖流相遇。冷暖海水交汇，使这里经常存在一条茫茫的海雾带。它每年还从北冰洋或格陵兰海带来数百座高大的冰山漂浮而下，有许多进入湾流或北大西洋暖流中，给海上航行带来了严重的威胁。

世界第一大海洋暖流

湾流不是一股普通的海流，而是世界上第一大海洋暖流，也称墨西哥湾流。墨西哥湾流虽然有一部分来自墨西哥湾，但它的

绝大部分来自加勒比海。

当南、北赤道流在大西洋西部汇合之后，便进入加勒比海，通过尤卡坦海峡。其中的一小部分进入墨西哥湾，再沿墨西哥湾海岸流动，海流的绝大部分是急转向东流去，从美国佛罗里达海峡进入大西洋。

这股进入大西洋的湾流起先向北，然后很快向东北方向流去，横跨大西洋，流向西北欧的外海，一直流进寒冷的北冰洋。它的厚度为200米至500米，流速为每秒2.05米，输送水量为黑潮的1.5倍。

湾流蕴含着巨大的热量，所散发的热量恐怕比全世界一年所用燃煤产生的热量还要多。由于它的到来，英吉利海峡两岸的土地每年享受着湾流带来的巨大热能。如果拿同纬度的加拿大东岸加以对照，差别更为明显：大西洋彼岸的加拿大东部地区，年平

均气温可低至零下10摄氏度，而同纬度的西北欧地区可高至10摄氏度。

湾流与黑潮相比，无论在水量、热量和盐量输送等方面，都大于黑潮。此外，对于邻近大陆气候的影响来说，湾流也比黑潮来得显著。

据估计，湾流每年向西北欧每千米海岸输送的热量约相当于燃烧6000万吨煤炭所放出的热量。事实上，在湾流及其延续体北大西洋暖流流经的海区，气温和水汽含量均较周围海区高得多。暖湿空气在强劲的西风吹送下，可以到达西北欧大陆内部，这对形成西北欧暖湿的海洋性气候有重要的作用。

因此，西北欧大陆上生长着苍翠的混交林和针叶林，而在同纬度的格陵兰岛上则大部分是终年严寒并被巨厚的冰层覆盖的冰原区。

湾流弯曲的形成、断开以及涡旋与主流的相互作用，是一种复杂的海洋动力学过程。有关这类现象的研究，已成为当前海洋动力学研究中最活跃的课题之一。关于湾流弯曲和涡旋的研究，不仅具有深刻的理论意义，而且对于海况监测和预报，以及渔业和沿岸水的污染物排放等实践问题也有重要的意义。

例如，观测发现，沿美国北卡罗来纳州至佐治亚州海岸移动的湾流涡旋会引起海水强烈的垂直混合。大量的营养盐类会被带到陆架水中，并使陆架水的温度降低。由涡旋带来的水量，要比

当地每年的入海河川径流量约大10倍。

1911年，美国国会展开了一场激烈辩论。内容既不是军备预算，也不是总统候选人名单，而是一件关于抢夺海流的提案。

议员们为什么要抢夺海流呢？他们要抢夺的不是一股普通的海流，而是世界上第一大海洋暖流湾流。

日本科学家崎宇三郎也富有想象力地提出建议：填平深20000米、宽10000米的鞑靼海峡，以阻挡来自鄂霍次克海的寒流南下，提高日本海域的海水温度，使日本北海道和东北地区气候转暖。

改造海洋暖流使气候变暖至今仍是纸上谈兵，能否可行并付诸实施，还得看今后科学技术的发展。

解读海洋暖流和寒流黑潮

太平洋纵贯南北半球，是世界上面积最大的大洋，在赤道至南北纬40度到50度的范围内，南北各有一个大洋环流。

北太平洋的北赤道洋流长达14000千米，宽数百千米，平均每天流动距离约35千米。北赤道洋流大致从中美洲西部海域开始，向东向西流动，至菲律宾群岛，主流沿群岛东侧北上形成黑潮。

黑潮是北赤道洋流的延续，温度高，盐度大，水色呈现蓝黑色，透明度大，是世界上仅次于湾流的第二大暖流。

亲潮发源于白令海峡，沿堪察加半岛海岸和千岛群岛南下，又被称为千岛寒流。

亲潮比黑潮规模小，流至北纬30度至40度附近的海区，与黑潮汇合，折向东流，并与阿拉斯加暖流共同组成逆时针方向流动的副极地环流。

秘鲁寒流从南纬45度左右的西风流开始，经智利、秘鲁、厄瓜多尔等国沿海北上，直达赤道海域的加拉帕戈斯群岛附近，流

程长达4500多千米，是世界大洋中行程最长的一支寒流。

它的平均宽度在智利海岸附近为180多千米，秘鲁沿海为450多千米，流速每昼夜约11千米，水温在15摄氏度至19摄氏度之间，比邻近海区的水温低7摄氏度至10摄氏度，是世界著名的寒流之一。

延 伸 阅 读

　　黑潮是世界海洋中第二大暖流。只因其中海水看上去蓝若靛青，所以被称为黑潮。其实，它的本色清白如常。但由于海的深沉，水分子对折光的散射，以及藻类等水生物的作用等，外观就好似披上了黑色的衣裳一样。

海洋的呼吸潮汐

潮汐的解释

世界上大多数地方的海水每天都有两次涨落。白天海水上涨，叫作潮；晚上海水上涨，叫作汐。

海水为什么会时涨时落呢？这个问题从古代起就引起了人们的注意。直至英国物理学家牛顿发现了万有引力，潮汐的秘密才有了科学依据。

月亮引潮力

现在人们弄清了潮汐现象主要是由月球的引潮力引起的。这

个引潮力是月球对地面的引力，加上地球、月球转动时的惯性离心力所形成的合力。

月亮像个巨大的磁盘，吸引着地球上的海水，把海水引向自己。同时，由于地球也在不停地做圆周运动，海水又受到离心力的作用。一天之内，地球任何一个地方都有一次对着月球，一次背着月球。对着月球地方的海水就鼓起来，形成涨潮。

与此同时，地球的某个背着月球一点上的惯性离心力也最大，海水也要上涨。所以，地球上绝大部分地方的海水每天总有两次涨潮和落潮，这种潮被称为"半日潮"。而有一些地方，由于地区性原因，在一天内只有一次潮起潮落，这种潮被称为"全日潮"。

太阳引潮力

不光月亮会对地球产生引潮力，太阳也具有引潮力，只不过比月球的要小得多，只有月球引潮力的5/11。但当它和月球引力迭加在一起的时候，就能推波助澜，使潮水涨得更高。

每月农历初一时，月亮和太阳转到同一个方向，两个星球在同一个方向吸引海水；而每月农历十五，月亮和太阳转到相反的方向，月亮的明亮部分对着地球，一轮明月高空挂，这时，两个星球在两头吸引海水，海潮涨落也比平时大。

我国人民把初一叫"朔"，把十五叫"望"，因此这两天产生的潮汐就叫"朔望大潮"。

军事应用

1661年4月21日，郑成功率领25000名将士从金门岛出发，到达澎湖列岛，进入台湾攻打赤嵌城。

郑成功的大军舍弃港阔水深、进出方便，但岸上有重兵把守的大港水道，而是选择了鹿耳门水道。

鹿耳门水道水浅礁多，航道不仅狭窄，而且有荷军凿沉的破

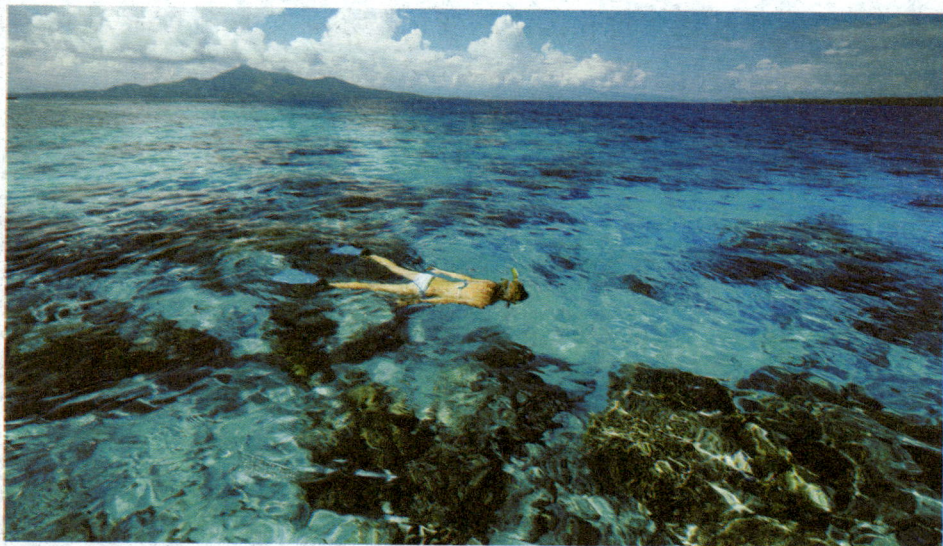

船堵塞，所以荷军此处设防薄弱。

郑成功率领军队趁着涨潮航道变宽且深时，攻其不备，顺流迅速通过鹿耳门，在禾寮港登陆，直奔赤嵌城，一举登陆成功。

1939年，德国布置水雷，拦袭夜间进出英吉利海峡的英国舰船。德军根据精确计算潮流变化的大小及方向，确定锚雷的深度和方位，用漂雷战术取得较大战果。

赤潮因何而起

赤潮，被喻为"红色幽灵"，是一种异常的生态现象，发生的原因也比较复杂。关于赤潮发生的机理，虽然至今尚无定论，但是赤潮发生的首要条件是赤潮生物增殖要达到一定的密度。否则，尽管其他因素都适宜，也不会发生赤潮。

在正常的理化环境条件下，赤潮生物在浮游生物中所占的比重并不大。但是由于特殊的环境条件，使某些赤潮生物过量繁殖，便形成赤潮。

水文气象和海水理化因素的变化是赤潮发生的重要原因。海

　　水的温度是赤潮发生的重要环境因素，20摄氏度至30摄氏度是赤潮发生的适宜温度。

　　科学家发现一周内水温突然升高2摄氏度以上，是赤潮发生的先兆。另外，海水的化学因子如盐度变化也是促使生物因子赤潮生物大量繁殖的原因之一。

　　盐度在26至37的范围内，均有发生赤潮的可能。但是当海水盐度在15至21.6时，容易形成温跃层和盐跃层。温跃层、盐跃层的存在为赤潮生物的聚集提供了条件，易诱发赤潮。

　　由于径流、涌升流、水团或海流的交汇作用，使海底层营养盐上升到水上层，造成沿海水域高度富营养化。营养盐类含量急剧上升，引起硅藻的大量繁殖。这些硅藻过盛，特别是骨条硅藻的密集常常引起赤潮。

　　这些硅藻类又为夜光藻提供了丰富的饵料，促使夜光藻急剧增殖，从而又形成粉红色的夜光藻赤潮。

　　据监测资料表明，在赤潮发生时水域多为干旱少雨，天气闷热，水温偏高，风力较弱，或者潮流缓慢等水域环境。

　　海水养殖的自身污染，也是诱发赤潮的因素之一。在养殖虾的过程中，人工投喂大量配合饲料和鲜活饵料。导致池内残存饵料增多，严重污染了养殖水质，为赤潮生物提供了适宜的生物环境，使其增殖加快。

　　自然因素也是引发赤潮的重要原因，赤潮多发除了人为原因以外，还与纬度位置、季节、洋流、海域的封闭程度等诸多自然因素有密切联系。

延 伸 阅 读

　　在被称为"赤潮生物"的63种浮游生物中，其中硅藻有24种，甲藻有32种，蓝藻有3种。我国已有赤潮资料记载的赤潮生物达25种。其余的38种在我国海域均有分布，只是尚未形成过赤潮而已。

海洋台风的威力

什么是台风

人们有时会在热带洋面上发现一种状如蘑菇的强烈气旋，其直径通常在几百千米以上，云层高度在9千米以上，这就是台风。它带来的涌浪、暴雨和风暴潮对海上航船和海岸设施破坏极大。

台风可分为台风眼区、台风涡旋区和台风外围区。台风眼区是台风的中心部分，这是一个相对稳定，具有少云或无云天气的空心管状区，直径在10千米至60千米，气压极低，并且稳定少变，四周

被高高的云墙环绕。这里的海面状况十分恶劣，对船舶危害极大的金字塔浪往往出现在这里。

台风涡旋区是绕台风眼周围的最大风速环形区。这里高大宽厚的云墙宽达几十千米，半径约100千米。在该区出现每秒40米至60米的大风是常见的事，曾出现过每秒100米以上的强风。台风外围区是台风的边缘大风区，这个区域内的天气总是乱云翻滚，降雨时降时停，雨量时大时小，风力向台风中心逐渐增大，气压降低。

事件记载

1935年9月26日，日本海军第四舰队在三陆冲海面行进时突遇台风。但他们迎着狂风恶浪仍按原计划前进。当时台风中心最大风速达每秒40米，最大浪高14米以上。舰队横穿台风，进入台风眼。结果38艘军舰遭到狂风巨浪的袭击，"初雪号"和"夕雾号"驱逐舰被拦腰切断，"望月号"舰桥断裂，进入危险半圆的水雷舰全部覆没。14艘5000吨以上的大型舰艇也都遭到不同程度的破坏。人员大量伤亡，损失极为惨重。

1970年11月，发生在孟加拉国的台风是近代最严重的台风灾害。它于11月12日夜间至13日凌晨在吉大港附近的哈提亚登陆，猛烈地袭击了孟加拉沿海。在短短的时间里，30多万人丧生，几千万人流离失所。

台风即热带气旋

台风实际上是强烈的热带气旋。热带气旋是发生在热带海洋上的强烈天气系统。它像在流动的江河中前进的涡旋一样，一边绕自己的中心急速旋转，一边随周围的大气向前移动。

像温带气旋一样，热带气旋在北半球热带气旋中的气流绕中

心呈逆时针方向旋转；在南半球则相反。越靠近热带气旋的中心，气压越低，风力越大。但发展强烈的热带气旋，如台风，其中心却是一片风平浪静的晴空区，即台风眼。

在热带海洋上发生的热带气旋，其强度差异很大。1989年以前，我国把台风中心附近最大风力达到8级或8级以上的热带气旋称为台风，将台风中心附近最大风力达到12级的热带气旋称为强台风。

热带气旋是热带低压、热带风暴、强热带风暴和台风的总称。但由于热带低压破坏力不强等原因，习惯上所指的热带气旋一般不包括热带低压。

台风的形成

热带气旋的生成和发展需要巨大的能量，因此它形成于高温、高湿和其他气象条件适宜的热带洋面。

　　据统计，除南大西洋以外，全球的热带海洋上都有热带气旋生成。大多数的热带低压，并不能发展为热带风暴，也只有一定数量的热带风暴，能发展到台风强度。

　　当然，台风之间的强度差异也很大，有的强风中心附近最大风速为每秒35米，但中心附近最大风速超过每秒50米的台风也不少见。

生命史及其造成的灾害

　　热带气旋的生命史可分为生成、成熟和消亡3个阶段，其生命期一般可达一周以上。有的热带气旋在外界环境有利的情况下，生命期可超过两周。

　　当热带气旋登陆或北移到较高纬度的海域时，因失去了其赖

以生存的高温高湿条件就会很快消亡。热带气旋灾害是最严重的自然灾害，因其发生频率远高于地震灾害，故其累积损失也高于地震灾害。1991年4月底，在孟加拉国登陆的热带气旋夺去了13.9万人的生命。

我国是世界上受热带气旋危害最严重的国家之一，近年来，因其而造成的年平均损失在百亿元人民币以上。

延 伸 阅 读

台风特点：一是有季节性；二是台风中心登陆地点难以准确地预报；三是台风具有旋转性；四是损毁性严重；五是强台风发生时常伴有大暴雨、大海潮、大海啸；六是强台风发生时，人力不可抗拒，易造成人员伤亡。

有趣的海洋动物

惊人的会发电的鱼

　　生活在温带海洋的电鱼就是具有发电本事的鱼类。它们的发电能力即所谓电流的强弱要视鱼的大小而定。一般刚出生的鱼能点亮袖珍手电筒，但时间比较短；成熟的鱼所发的电足以将人击倒。

　　原来，在它们的头部两边，眼睛后面有一个较大的器官，它是由若干个六边形细胞组成，和蜂窝很相似，器官里充满了胶状物质，并有一系列扁状的发电片，每个发电片的负极面布满了神

经，与脑子里的一根中枢神经相连，电流从器官的正极流向负极，所以碰到鱼的两边才能受到电击。

还有一种会发电的鳝鱼，它的发电力比电鱼更强。这种鱼的电流是纵向流动，由脊椎通向各条神经，即由鱼头通往鱼尾，它的发电器官主要是一组变相的肌肉。

这种肌肉就像人的肌肉一样，运动时间长了就会感到疲乏无力，所以这种鱼的发电时间不长。

发电力最强的要数电鳗鱼，它的发电力足以击毙一头巨大的抹香鲸。电鳗比起抹香鲸，个头要小得多，那么它的身体到底有多少电能，可以击毙如此的庞然大物呢？根据科学家测定，一只大电鳗鱼每次可以放出500伏特电压，200多安培电流，功率可达100千瓦，足以击毙海洋中的任何生物。

相传唐王东征时来到黑龙江边，正逢白露时节，被敌人围困，外无援兵内无粮草，正当唐王一筹莫展之时，一大臣奏道："何不奏请玉皇大帝向东海龙王借鱼救饥？"

玉帝便令东海龙王派一条黑龙带领鲑鱼前来镇守这条江，人马得到鱼吃，力量倍增，大获全胜。

马原来是不吃鱼的，自此马便开始吃鱼了，但也只是吃鲑鱼，所以便把鲑鱼叫作"大马鱼"。

许多年后，又是白露时节，有一个叫什尔大如的部落首领所率人马被敌人追到乌苏里江边，前无进路，后有追兵，粮草又断，十分危急。此时一谋士便向什尔大如献策言道："何不仿照唐王东征时向东海龙王借鱼，以解燃眉？"

黑龙闻知，复率鲑鱼来到乌苏里江边，什尔大如得救，便率部在沿黑龙江、乌苏里江一带定居下来，这些人的后代便是今天的赫哲人。

所以，每到白露前后便有大批的鲑鱼来到黑、乌两江。赫哲人称大马鱼为"达乌依玛哈"，后经演变，就把鲑鱼叫作"大马哈鱼"。大马哈鱼的鱼子和幼苗只能在淡水中生存，它们一般把卵生在淡水系统的江河上游的沙砾区域。卵孵化出幼苗并生长一段时间后，顺流而下进入咸水系统的海洋之中，在物质富饶的海洋中生长发育，积蓄能量。

大马哈鱼经过4年左右的生长达到性成熟后，又会返回淡水江河中产卵。大马哈鱼主要栖息在北半球的大洋中，以鄂霍次克海、白令海等海区最多。

大马哈鱼的万里长征

大马哈鱼的大半生是在海洋里生活的。它们在那里发育成熟，长到三四千克重时就成群结队地从鄂霍茨克海和白令海出发向西游来，最后来到我国的黑龙江一带，行程10000多千米。

万里征途充满了艰辛，它们要与饥饿做斗争，而且要防御大动物的侵害。有时，敌害把它们的队伍冲散了，它们会设法重新集结队伍，继续向前挺进。等到达河口后，它们便不再进食，只靠体内储存的养分维持生活。

即便在这时，它们还得与湍急的河水、巨大的旋涡做斗争，甚至要躲避暗礁险滩，跳过瀑布。尽管一路上有如此多的艰难险阻，随时都可能丧失生命，它们却毫不退缩，每天不停息地向前游50千米。

就这样，经过几个月的长途跋涉，鱼群终于游到了目的地。于是，母鱼赶紧用鳍在河底挖洞，把卵产在里面，等雄鱼射精

后，立即用泥沙埋起来，以防被别的动物吃掉。等做完这一切，雌雄大马哈鱼也精疲力竭了。但它们已完成了繁殖后代的任务，于是便无怨无悔地死去了。

小鱼出生一个多月后就游回父母成长的地方——鄂霍茨克海和白令海。等它们长大后，也像父母一样回到自己的出生地产卵、排精、生育后代。

敢和鲸鱼搏斗的乌贼

大王乌贼生活在太平洋、大西洋的深海水域，体长20米左右，重2吨至3吨，是世界上第二大无脊椎动物。它的性情极为凶猛，以鱼类和无脊椎动物为食，并能与巨鲸搏斗。国外常有大王乌贼与抹香鲸搏斗的报道。

据记载，有一次人们目睹了一只大王乌贼用它粗壮的触手和吸盘死死地缠住抹香鲸，抹香鲸则拼出全身力气，咬住大王乌贼的尾部。两个海中巨兽猛烈地翻滚，搅得浊浪冲天，后来又双双沉入水底，不知所终。

这种搏斗多半是抹香鲸获胜，但也有过大王乌贼用触手钳住鲸的鼻孔使鲸窒息而死的情况。

大王乌贼的主要武器是他的10只"手臂"，上面长满了圆形吸盘，吸盘边缘有一圈小型锯齿，它可以把抹香鲸的肉吸出来，从而在抹香鲸身上留下很多圆形伤疤。

最大的大王乌贼能有多大？人们曾测量一只身长17.07米的大王乌贼，其触手上的吸盘直径为0.095米，但从捕获的抹香鲸身上，曾发现过直径达0.4米以上的吸盘疤痕。

由此推测，与这条鲸搏斗过的大王乌贼可能身长达60米以上。如果真有这么大的大王乌贼，那就同传说中的挪威海怪相差不远了。

但这样大的吸盘疤痕也可能是抹香鲸小的时候留下，后来随抹香鲸长大而变大的，所以不能确定有这样巨大的乌贼。

据介绍，人们20世纪80年代发现的最大的大王乌贼有18米长，1吨多重。它能把小渔船撞翻，还经常与抹香鲸一比高低。

延 伸 阅 读

在海洋生物中，腔肠动物是最短命的，一般只用小时来计算。水母一般只能活2小时至3小时，海葵能活15个月，鱼类要长一些。德国人捕到一条梭鱼，重140千克，鱼尾有一个金属环，上面刻着267年以前的日期。

神奇的海洋动物

鳝鱼和牡蛎的性变

鳝鱼和牡蛎兼雌雄两性，而且两性能够互相变化。它们在性变之后仍能照常繁殖后代。据水产学家研究，黄鳝从受精卵化成幼鳝，直至长成成年鳝，一般都是雌性体，并能产卵。可是产了一次卵之后，它们的生殖系统突然发生变化，卵巢变成精巢，并

产生精子。这时，变成雄性的黄鳝即担负起为其他雌鳝卵受精的任务。

　　牡蛎的雌雄变性更为有趣。它们是逐年变性的,即今年是雌性,明年就变为雄性,后年再变回雌性,如此年年改变性别。当然,并非所有牡蛎都步调一致地发生性变。

清洁鱼隆头鱼

　　澳大利亚的大堡礁上有一种身体很小的隆头鱼。因为它们能够清除大鱼肚上和腮内的寄生虫,所以又得名"清洁鱼"。大个头的隆头鱼都是雄性的,而雌鱼较小。雄鱼给许多条雌鱼产卵受精。如果雄鱼死亡或迁移,雌鱼中必定会有一条较大的个体在1个小时内变成雄鱼。

两三个星期后，它的卵巢完全变成精巢，并可执行受精任务。更令人称奇的是，生活在美国佛罗里达州和巴西沿海的蓝条石斑鱼一天内可能性变好几次，在黄昏之际，它们便发生性变，多者达到5次，这种现象叫"雌雄共体"或"异体受精"。

藻类竟是海洋杀手

近年来，世界各地不时传来鱼类大量死亡的报道。如美国帕姆利科海湾北卡罗林那海岸，从1991年5月至1993年末已经出现9次11种鱼类大批死亡的事件。凶手现已查明，它们是一种极特殊的迄今人们还不知道的藻类。这种藻类在显微镜下才看得见，更奇怪的是，科学家们观察了几个小时，它们竟然在水中神秘地消失了。

这一发现是北卡罗林那大学的几位生物学家经过对死了幼鱼的海域进行详细观察后提出的。他们猜想，这种藻类是以一种独特的休眠方式在海底度过其一生的大部分时间的。

凶手特点

它们是单细胞植物，每个细胞都为一层坚固的外壳孢囊所裹。但是，一旦鱼群游近，只需几分钟，它们便会像炸弹爆炸一样破孢而出。每个细胞长有两根鞭毛，一根用来向前运动，另一根要用做自旋。它们在水中移位时做螺旋运动。

这种奇特的藻类繁殖迅速，能分泌一种很强的神经毒素。鱼类游进有毒区域，便会失去判定方位的能力，接着就被麻痹，而后死亡。

这些分布在海底的在显微镜下才能看见的微小的"水雷"是根据什么信号"爆炸"的，目前还不清楚。

看来，孢囊中的海藻对鱼类分泌到水中的某种物质非常敏感。因为，在研究人员把孢囊放入有鱼类的水中之后，受到引诱的藻类便立即破孢而出。

世界上最小的海螺

海螺属软体动物腹足类，产于沿海浅海海底，以山东、辽宁、河北居多，产期在5月至8月。海螺贝壳的边缘轮廓略呈四方形，大而坚厚，壳高达0.1米左右，螺层为6级，壳口内为杏红色，有珍珠光泽。螺肉丰腴细腻，味道鲜美，素有"盘中明珠"的美誉。它富含蛋白质、维生素和人体必需的氨基酸和微量元素，是典型的高蛋白、低脂肪、高钙质的天然动物性保健食品。

目前，世界上最小的海螺是我国海洋贝类收藏家郑根海发现的，它称得上是真正的"微型海螺"，小得几乎不能再小了，其直径仅仅有0.00031米，只有借助高倍显微镜才能看清它的真实面目。郑根海是交通部上海救捞局拖轮公司的管事，收藏海洋贝类至

今已有十来年，藏品有600多种，其总体收藏品格较高，其中以活体鹦鹉螺壳体标本和逆时针左旋螺最为有名。

然而，使他成为我国收藏界第一个吉尼斯世界纪录荣获者的却是那只"微型海螺"。郑根海是在无意中发现它的，经专家审定、电子显微镜扫描测量，这一奇迹得到了肯定，海螺虽小，但结构健全。于是，郑根海得到了英国伦敦吉尼斯总部颁发的"微型海螺"吉尼斯世界纪录证书，从而成了目前世界上最小海螺的拥有者。

延 伸 阅 读

在红海，20多条红鲷鱼组成一个一夫多妻制家庭，在这个家庭当中，丈夫不准其他的雄性问津，更不准窝里的雌性逞强。否则，这条逞强的雌性鱼就有可能变成雄性鱼，取代它的位置，统治这个家庭。

深海鱼的水盐平衡

海洋动物的水盐平衡

生物体的器官、组织都是包含在体液中的，体液中还分布着大量的无机盐离子。不同的离子有不同的生理作用，体液的渗透压主要决定于体液中各种盐类的总浓度。体液的离子组成和渗透

压的稳定保证了内环境的稳定。

　　海洋无脊椎动物的体液通常情况下会和海水等渗，因此，一般说来，它们不存在水盐平衡的问题。海生的变形虫没有伸缩泡，淡水变形虫有伸缩泡，就是因为海生变形虫是生活在等渗液中，其代谢废物可从体表排出，不用费力地靠伸缩泡来调节细胞的含水量。

　　当海洋的无脊椎动物移动到盐分较低的水域，如河口地区或淡水河流、湖泊中，问题就出现了。很多海洋无脊椎动物不可能生活在这样的环境中，如果进入这种环境，体液中的盐分逐渐减少，直至体液和体外液体达到平衡，但其细胞不能适应如此大变的液体环境，会很快死亡。蜘蛛蟹就是如此。

海洋动物的生活环境

有些海洋动物能够适应低渗溶液的生活环境，即可以在盐度为0.5%～30%的溶液中(海水为35%)正常生活。

如生活在近海沿岸的一种蟹，在海水中，体液和海水等渗，进入沿岸盐分较低的半咸水区域，体液仍能保持较高的渗透压，这是由于其鳃有调节体液盐分浓度的作用。

在半咸水环境中，它们的排泄器官(触角腺，又称绿腺)将渗入过多的水排出体外。

但由于排泄器官的机能还没有发生适应于半咸水环境的变化，因而排泄的尿总是和血液等渗。

因此，排泄的结果是，过剩的水被排除了，同时却失去了体液中的盐分。这就需要另外的机制来保持渗透压的平衡。鳃将半咸水中的盐分逆浓度梯度地(主动转运)吸收，转移到血液中，体

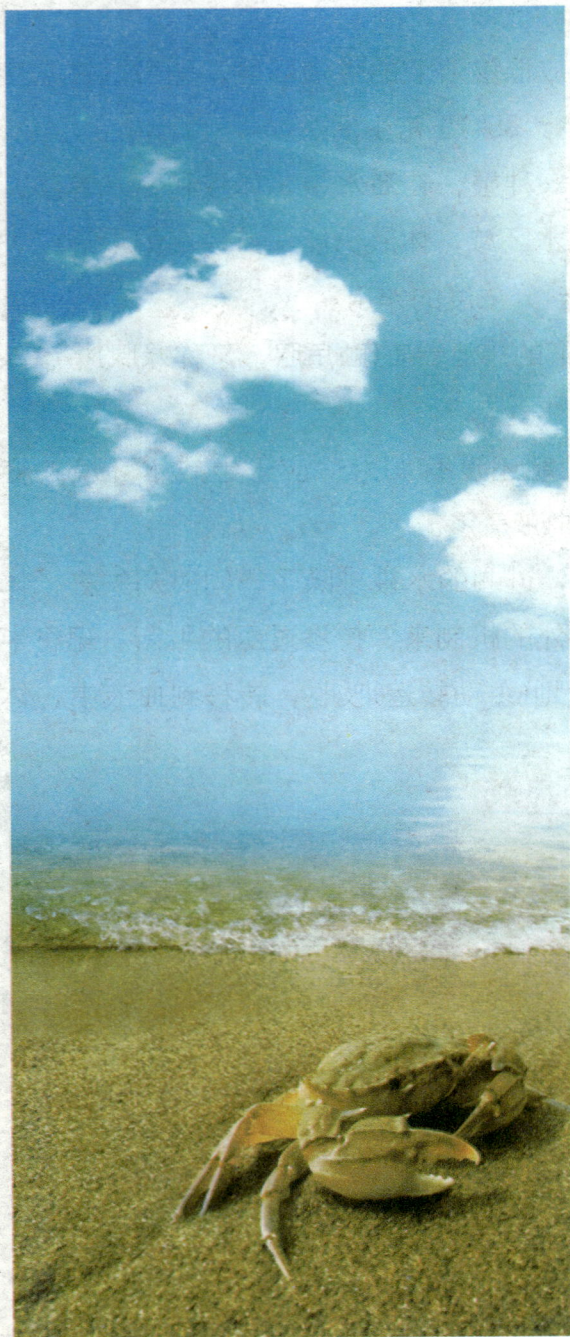

液中的盐分就会得到补偿，从而保持渗透的基本平衡。

与此同时，蟹细胞内的渗透压也适应于半咸水环境而有所下降；细胞中Na^+和Cl^-的浓度都在降低；一些氨基酸，如甘氨酸、脯氨酸、谷氨酸和丙氨酸等的浓度也都在降低，而含氮废物的排泄量却有所增加，这说明在低渗溶液中，氨基酸的分解加快了。

由此可见，蟹适应低盐分水域的方法是"双管齐下"，一方面通过盐分的回收而使体液渗透压提高，另一方面通过Na^+、Cl^-等离子的排出和氨基酸的分解而使细胞内的渗透压适当降低，从而使体液和细胞的渗透压达到平衡。

淡水动物大多起源于海洋动物，所以海洋动物对半咸水和淡水环境的适应可以说是进入淡水的基础。

科学家发现，当海水变为低渗时，如河口地区，只是被动地关闭外壳，像牡蛎、蛤等海洋动物使外界的水不能流入。这虽然也是一种适应，不涉及动物结构和生理机能上的变化，和潜水时闭气很相似，是一时权宜的方法，但并不具备生物进化的意义。

海洋动物的体液补充

海洋鱼类和海洋无脊椎动物有很大的区别，海洋的硬骨鱼来自生活于淡水中的祖先，它们还保留着祖先的一些特征。它们的体液和海水比起来是低渗的，但在海水中生活，随时都在失水，因而随时都在增加体液中盐分的浓度。

对于这些困难，它们有什么应对之策呢？

第一，全身都盖有鳞片，目的是减少身体中水分的流失；

第二，不断饮入海水，同时鳃上有一些特化的细胞能主动排出高浓度的盐分；

第三，含氮废物大多是以NH_3的形式从鳃排出，而肾脏排尿量却很少，这样就防止因排泄废物而失水过多。鱼肾不具备排浓尿的功能。

据科学家推测，鲨和硬骨鱼相似，其祖先最开始生活在淡水区域，它们的水盐平衡机制也很特殊。其血液中盐类的含量和硬骨鱼相似，但血中尿素含量高。它们把没有什么毒性的尿素保存在血液中，这样就使体液的渗透浓度稍稍高于海水，因而不存在失水的问题。科学家还发现，它们的直肠同时担任着为身体排除

过多盐类的任务。

　　海产的或在沿海生活的各种生物，如企鹅、信天翁等大部分以海洋动物或海藻为食。这些鸟类不是海洋动物，但靠海生活，食物来自海洋，每天吃盐过多，排盐是这些动物必须解决的问题。它们的解决办法是靠盐腺来调节水盐平衡。

　　这些鸟类在两个眼窝附近各长着一个管状腺，连接眼窝或鼻孔，即是盐腺。盐腺分泌的液体含有大量Na^+和Cl^-，渗透压远远超过体液。关于盐腺的分泌机制还不清楚，但盐腺调节水盐平衡的效果却是显而易见的。

　　研究发现，海豹和一些鲸类不喜欢喝水，以海鱼为食，从海鱼取得所需的水。海鱼体液是低渗的，可以做为鲸类的水源。鱼是高蛋白的食物，因而海豹等的尿含有很高浓度的尿素。有些鲸

(须鲸)不吃鱼，而吃海洋中的小无脊椎动物，必然同时吞入很多海水，即吞入更多的盐。鲸类的肾有排浓尿的能力，这是它们对高蛋白和多盐食性的适应。

延 伸 阅 读

　　陆生动物靠饮水和节水来调节水盐平衡。有些陆生动物如蚯蚓、蛙等要依靠体表进行呼吸，体表要时时保持湿润，使空气溶于体表的薄层液体中，以便实行气体交换。蚯蚓只能生活在潮湿的土壤中或林下腐殖质之下才能保持体液平衡。

凶残的海洋巨蟒

看到巨大的怪物

100多年来，人们多次看到这巨大的怪物，甚至还逮住过它，可就是没有弄清它的真面目。

1851年1月13日，美国捕鲸船"莫侬加海拉号"正在南太平洋马克萨斯群岛附近的海面航行。

突然，站在桅杆旁瞭望的海员大声惊呼起来："噢，那是什么？"

"不是鲸，从来没看到过这种怪物！"

　　船长希巴里听到海员的喊声，急忙奔上甲板，举起望远镜看了一下，命令说："是个怪兽。快朝它靠拢！抓住它！"

　　船员立即放下3艘小艇，船长亲自带上长矛，乘上小艇，向怪兽疾驰而去。

　　好一个庞然大物！只见巨兽身长足有30多米，颈部粗5米多，身体最粗的部位有15米；头呈扁平状，有皱褶；尖尾巴；背部黑色，腹部暗褐色，中央有一条白色花纹，犹如一艘大船在海中游弋。

　　船员们惊呆了！还是船长久经战场，当小艇摇摇晃晃地靠近巨蟒时，他一声呐喊："快刺呀！"

　　几艘小艇上的船员一齐举矛奋力刺去。顿时，血水四溅，巨蟒受了重伤，在大海里翻滚挣扎起来，激起了阵阵冲天巨浪。船员们冒着生命危险与巨蟒进行了殊死搏斗。最后，巨蟒终于寡不敌众，力竭身死。

　　希巴里船长把巨蟒的头部切下，撒上盐榨油，竟榨出10桶水一样透明的油！

但遗憾的是"莫侬伽海拉号"在返航时遇难，下落不明，本身也成了一个谜。有人甚至猜测，这是死蟒的伙伴进行的报复。

又一次发现怪物

1817年8月，另一艘船在美国马萨诸塞州格洛斯特港的海面上遇到了更大的海蟒。船长所罗门在事后描述道："当时像巨蟒似的家伙在离港口130米左右的地方游着。这个怪兽长40米，身体粗极了，整个身子呈暗褐色，头部像响尾蛇，大小如马头。巨蟒消失时，笔直地钻入海底，过了一会儿又从大约180米远的海面上出现。"

船上的木匠伽夫涅兄弟和维巴3人同乘一艘小艇去垂钓时，也遇到了巨蟒。

伽夫涅讲述当时的情形时说："我在靠近怪兽20米左右的地方开了枪。我的枪很好，射击技术也很高。我是瞄准了怪兽头部开枪的，肯定命中了。怪兽就在我开枪的同时朝我们这边游来，一靠近就潜下水去，钻过小艇，在30米远的地方重又出现。它不像鱼类那样向下游。而是像一块岩石似的沉下去，笔直笔直地往下沉。我当时清楚地感到射中了目标，可是那怪兽却像丝毫没受伤。"

1848年8月6日，英国巡洋舰"迪达尔斯号"的水兵们也目击了海洋巨蟒。

他们从印度返回英国的

途中，在非洲南部约500千米以西的海面上遇到了巨蟒。

"在舰艇侧面发现怪兽正朝我们靠拢！"瞭望台上的实习生萨特里斯大声叫了起来。

舰长和水兵们急忙奔到甲板上，只见距离军舰200米左右的地方，一条怪兽昂起头，露出水面的身体部分长20余米，正朝着西南方向游去。

舰长拿出望远镜，紧紧地盯住这条举世罕见的怪兽。他把这天目睹的一切详细地记载在航海日志上，到了英国本土，就把它和亲眼所见的怪兽画像交给了海军司令部。

延 伸 阅 读

海蟒，一种已灭绝的海洋蜥蜴。大部分海蟒都比隆脊蛇体型小些，但这一亚目中，最有名的沧龙却是大块头的海中怪兽，仅颚部就有3米长。这个种群后来繁衍下来，其现代成员包括巨蜥、印尼巨蜥等。

海洋中也有细菌

研究简史

19世纪中期，有人就分离出了第一个海洋细菌；1865年，又有人分离出了海洋奇异贝氏硫细菌。深海细菌的研究也于1884年开始，但在相当长的时间内，一直停留在描述、分类的水平上。

1946年，美国科学家佐贝尔以海洋细菌为主要内容的《海洋微生物学》一书的问世，促使人们对海洋微生物的研究进入以生理、生态为基础的阶段。

1959年以后，苏联学者克里斯连续出版了研究深海微生物的

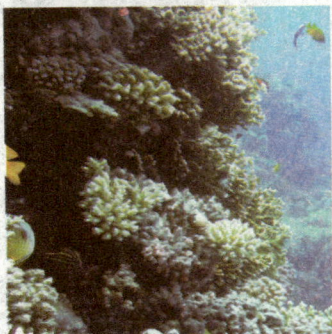

著作，提出微生物海洋学的研究设想。

1961年，国际海洋微生物学讨论会的召开标志着以海洋细菌为主要内容的海洋微生物学已成为独立的学科。

发现过程

1980年，一艘日本远洋调查船在太平洋的加拉帕戈斯群岛附近进行海底考察，结果在一个深渊里发现了一种在90摄氏度的热水中竟会冻僵的细菌。人们都知道，在这种温度下，鸡蛋也会很快被煮熟的。

发现这种耐高温细菌的海中深渊，水深为2650米，压强为266个大气压，海底地壳有一断裂层，从裂隙中喷出的间歇热泉的水温高达250摄氏度，热熔岩喷出后的堆积层中含有大量的有毒的硫化氢。阳光照射不到那里，水底是一个永恒的黑暗世界。而就是在如此严酷的环境里，这种耐高温细菌却正常地生活着，不断地繁衍着。为了研究这种耐高温细菌，科学家把它们放在模拟天然条件的恒温器中培养，发现它们即使在300摄氏度的高温下，仍能很好地生存；而在90摄氏度的环境中，则几乎被冻僵，根本不能繁殖。

这种细菌为什么会有耐受高温的能力呢？在300摄氏度高温中它们为什么不会被煮烂？这仍然是未知之谜。有人猜测，这种细菌的细菌胞内可能有一种特殊的冷却装置，即嗜热基因。

但是，这种嗜热基因究竟是什么物质构成的？它为什么能起冷却装置的作用？也仍然是无人知道的谜。

研究意义

海洋细菌参与降解各种海洋污染物和毒物的过程，有助于保持海洋生态系的平衡和促进海洋自净能力。海洋细菌是产生新抗

生素、氨基酸、维生素和其他生理活性物质的重要生产者。

细菌参与海洋的沉积成岩作用，如参与硫矿和深海锰结核的形成等。在海洋成油、成气的过程中，细菌起着重要作用。

海水具有杀菌效果，是由于海洋细菌的溶菌作用致使陆源致病菌迅速死亡，海洋细菌可直接作为海洋经济动物的饵料，细菌参与对各种海洋物质的腐蚀、变性、污秽和破坏过程。

某些海洋细菌是人体或海洋生物的致病菌，在特定条件下，海洋细菌代谢产物的积累会毒化养殖环境，如氨和硫化氢的积累会危害生物养殖。也可以利用细菌的代谢活动来改善被毒化的养殖环境，如氨的氧化等。

延 伸 阅 读

海洋细菌是生活在海洋中的、不含叶绿素和藻蓝素的原核单细胞生物。它们是海洋微生物中分布最广、数量最大的一类生物，个体直径常在1微米以下，呈球状、杆状、螺旋状或分枝丝状的微生物。

太平洋上的珊瑚海

地理位置

西南太平洋上的珊瑚海，是个半封闭的边缘海。它在澳大利亚大陆东北与新几内亚岛、所罗门群岛、新赫布里底群岛、新喀里多尼亚岛之间，水域辽阔，一望无垠。

珊瑚海地处南半球低纬地带，全年水温都在20摄氏度以上，最热月水温达28摄氏度，是典型的热带海洋。由于几乎没有河水注入，海水洁净，呈蓝色，透明度比较高，深水区也比

较平静。碧蓝的海上镶嵌着千百个青翠的小岛，周围黄橙色的金沙环绕，岛上绿树葱茏，礁上不时激起层层的白色浪花，在强烈的阳光照射下显得光亮夺目。

在小岛的岸边俯览蔚蓝色的大海，可以看到水下淡黄、淡褐、淡绿和红色的珊瑚。美丽的珊瑚丛有的形同蒲扇，有的宛如花枝和鹿角，有的好像一朵绽开的百合花，千姿百态，瑰丽动人。碧清的海水掩映着绚烂多彩的珊瑚岛群，呈现出一派秀丽奇特的热带风光。

海洋公园

1979年，澳大利亚政府规划，把总面积为10000多平方千米的珊瑚岛屿与礁群建成世界上最大的海洋公园，供人们参观游览。

　　旅游者可以在岛礁上的白色帐篷里休憩、娱乐，可以在滨海的金色沙滩上垂钓、散步，也可以乘坐特制的潜水器到水下亲自观赏迷人的水下世界。

　　当然，在这恬静的水面下潜伏着许多高低起伏的暗礁，也会成为各类船舶航行的严重障碍；在景色秀丽的水下世界里，还隐藏着蓝点、海葵、火海胆等不少有毒的生物。除此之外，这里的确称得上是一个美丽的海上乐园。

珊瑚虫与珊瑚礁

　　珊瑚礁是由珊瑚虫死亡后的骨骼形成的。珊瑚虫是腔肠动物门里的一个大家族，被称为"珊瑚虫纲"，它们生活在温暖的海洋里，拥挤地固着在岩礁上。

新生的珊瑚虫就在死去的珊瑚虫的骨骼上生长。它们有的生成树枝状，有的像一个蘑菇，有的像人的大脑，有的像鹿角，有的似喇叭状，颜色有浅绿、橙黄、粉红、蓝、紫、白等，真是五花八门、五颜六色，非常好看。

珊瑚虫的触手很小，都长在口的旁边，海水流过时，触手将海水中的食物送进口中，然后在消化腔里被吸收。珊瑚虫有从海洋里吸收钙质制造骨骼的本领。老的珊瑚虫死去了，新的珊瑚虫又长了出来，就这样一代一代地繁殖下去，它们的石灰骨骼也不停地积累下去，逐渐形成珊瑚礁。因此，珊瑚礁的存在依赖于亿万个活着的珊瑚虫。一旦这些珊瑚虫大批地死亡，珊瑚礁本身也就会失去生机，在海水的冲击下，会逐渐分化、瓦解，以至消失。

珊瑚虫为什么会大批地死亡

有的专家认为，海水污染是导致珊瑚虫大批死亡的主要原因。据科学家的观察研究，有一种海藻类植物总是伴随着珊瑚虫一起在珊瑚礁里生活。

海藻可以从珊瑚虫那里获得所需要的二氧化碳，而珊瑚虫则可以从海藻身上得到氧、氨基酸和碳水化合物。

但当珊瑚礁附近的海水被污染以后，海藻就无法继续生存和繁衍。一旦海藻消失，与海藻共生的珊瑚虫也随之死亡，于是引起了珊瑚礁的瓦解、消失。但有的专家提出了不同的看法。他们认为，珊瑚礁消失的原因不是由于污染。而是由于气候变化所引起的。因为在一些没有受到污染的海域也发生了珊瑚礁消失的现象。据实验表明，海水温度在26摄氏度左右时，最适合珊瑚虫和海藻生存。

而发生厄尔尼诺现象是，由于气候异常引起海流发生异常，使某些海区海水温度骤然升高，有的海区水温可超过30摄氏度，

珊瑚和海藻不能适应这样高的水温而导致死亡，珊瑚礁也随之而消失。珊瑚礁大量消失之所以会引起人们的关注，是因为珊瑚礁可以为鱼类和其他海洋生物提供较为理想的栖息场所，还可以保护海岸地区不受到海浪的冲击。所以，有关专家正在进一步地调查研究，以便解开珊瑚礁消失之谜。

延 伸 阅 读

世界上最大的珊瑚暗礁群大堡礁绵延分布在澳大利亚的东北海岸。它长达2400千米，北窄南宽，从2千米逐渐扩大至150千米，总面积达80000多平方千米。这一带海域拥有多种软体水生动物和鱼类。

名不符实的水域

里海

里海位于亚、欧两洲之间，南面和西南面被厄尔布尔士山脉和高加索山脉环抱，其他几面是低平的平原和低地。

里海的水源补给来自伏尔加河、乌拉尔河，以及地下水和大气降水。其中，伏尔加河水带来进水量的70％左右是里海最重要的补给来源。里海位于荒漠和半荒漠环境之中，气候干旱，蒸发非常强烈，而且进得少，出得多，湖水水面逐年下降。较之往年，现在湖水面积大大缩小。因为水分大量蒸发，盐分逐年积累，湖水也越来越咸。由于北部湖水较浅，又有伏尔加河等大量

淡水注入，所以北部湖水含盐度低，而南部含盐度是北部的数十倍。里海含盐量高，盛产食盐和芒硝。

里海是一个地地道道的内陆湖。那么，它为什么被称为"海"呢？

里海水域辽阔，烟波浩渺，一望无垠，经常出现狂风恶浪，犹如大海翻滚的波涛。同时，里海的水是咸的，有许多水生动植物也和海洋生物差不多。

另外，里海与咸海、地中海、黑海、亚速海等原来都是古地中海的一部分，经过海陆演变，古地中海逐渐缩小，这些水域也多次改变它们的轮廓、面积和深度。所以，今天的里海是古地中海残存的一部分，地理学上称为海迹湖。

于是，人们就把这个世界上最大的湖称为"里海"了。其实，它并不是真正的海。

死海
位于西亚阿拉伯半岛上的死海南北长82千米，东西最宽达18

千米，面积为1000多平方千米。死海位于深陷的盆地之中，湖底最低的地方低于海平面790多米，是世界大陆的最低点。

死海含盐度比一般海水要高7倍左右。死海的含盐度为什么这么高呢？这与它所在地区的地理环境密切相关。死海的东西两岸都是峭壁悬崖，只有约旦河等几条河流注入，没有出口。

死海附近分布着荒漠、砂岩和石灰岩层，河流夹带着矿物质流入死海。这里气候炎热，干燥少雨，蒸发强烈，年深日久，湖中积累了大量盐分，就成了特咸的咸水湖了。

如果用一个杯子盛满死海水，等完全蒸发后，就会留下1/4杯的雪白的盐分和其他矿物质凝结物。

因为湖水太咸，把鱼放入水中就会立即死亡。湖滨岸边也是岩石裸露，一片光秃，没有树木，寸草不生，故称"死海"。不过，死海并非绝对的死，人们在这里还发现有绿藻和一些细菌。

关于死海，还有这样一个非常有趣的故事。

公元1世纪，古罗马军统帅狄度率领军队来到死海。他看到一望无际的湖水，就问手下的士兵："这里是什么地方？"

"报告将军，这里是死海。"

这时，士兵们押来几个俘虏，要求统帅处置。狄度威严地命令道："把他们带上脚镣、手铐扔进海里，祭祀海神吧！"

于是，士兵们不顾俘虏的哀号求饶，七手八脚地抬着被镣铐困住手脚的俘虏，"扑通、扑通"扔进了死海。

可是，奇怪的事情发生了。这些俘虏一个个犹如睡在柔软舒适的弹簧床上一样，就是不下沉。不一会儿，他们居然被风浪送回岸边。一连几次，都是这样。狄度认为有神灵保佑他们，于是下令把这些俘虏全赦免了。

原来，物体在水里是沉是浮，同比重有直接关系。人身体的比重比水稍大一些，所以人掉到河里就会沉下去。死海含盐量特别大，超过了人体的比重，人就不会沉下去了。如果你到死海去旅游，完全可以躺在湖面上安详地看书，丝毫不用担心会沉下水去。

死海是一个大宝库，那里蕴藏着丰富的溴、碘、氯等化学元

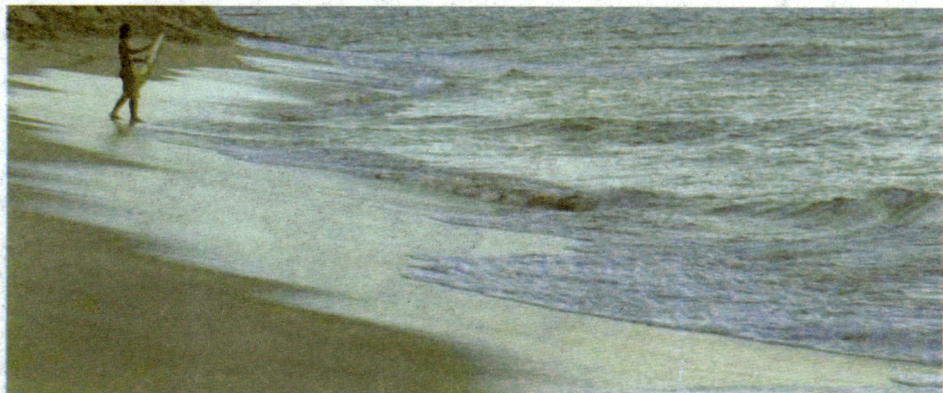

素，据估计，死海中含氯化镁220亿吨，氯化钠120亿吨，氯化钙60亿吨，氯化钾20亿吨，溴化镁10亿吨。

狭小的马尔马拉海

亚洲西部小亚细亚半岛和欧洲东南部巴尔干半岛之间有一个水域狭小的海，叫作马尔马拉海。

马尔马拉海东北面沟通黑海的博斯普鲁斯海峡，西南面连接地中海的达达尼尔海峡，仿佛一所住宅里前庭和后院的两扇大门。因此，马尔马拉海具有完整的海域。它形如海湾，实际上却是个真正的内海。马尔马拉海南北的两个海峡好像地中海与黑海之间联系的两把大铁锁，具有十分重要的战略地位。马尔马拉海是欧、亚、非三大洲的交通枢纽，是人们在大西洋、印度洋和太平洋之间往来的捷径。

马尔马拉海在远古的地质时代并不存在，后来由于发生了地壳变动，地层陷落下沉被海水淹没而形成。它的平均深度为357米，最深的地方达1355米。

由于马尔马拉海是陆地陷落形成的，所以水域面积虽然不

大，但深度并不小。海岸附近，山峦起伏，地势陡峻。原来陆地上的山峰和高地在海上露出水面，形成许多小岛和海岬，星星点点地散落在海面之上，构成一幅独特的风景画。

其中较大的马尔马拉岛面积为125平方千米。岛上盛产花纹美丽的大理石，图案清秀，别具一格，是建筑古代伊斯坦布尔宫殿时使用的重要材料，在现代建筑中也有许多用途。"马尔马拉"就是大理石的意思，这个海域也因此与岛齐名了。

延 伸 阅 读

咸海是在700万年至250万年前形成的，20世纪60年代后，由于阿姆河和锡尔河的河水被大量用于农业和工业，再加上20世纪70年代以来气候持续干旱，导致湖面水位下降、湖水盐度增高，所以湖盆附近地区有大量干盐堆积。

解读世界四大洋

太平洋

太平洋位于亚洲、大洋洲、北美洲、南美洲和南极洲之间。太平洋的形状近似圆形，面积广达17868万平方千米，约占世界海洋总面积的49.5％，是世界上面积最大、水域最广阔的大洋。

太平洋是世界水体最深的大洋，平均深度为4028米，全球超

过万米深的6个海沟全在太平洋中，其中马里亚纳海沟是世界海洋最深的地方。

太平洋的名字很美，其实并不太平。在南纬40度，终年刮着强大的西风，洋面辽阔，风力很大，被称为"狂吼咆哮的40度带"，是有名的风浪险恶的海区，对南来北往的船只造成很大威胁。夏秋两季，在菲律宾以东海面经常产生热带风暴和台风，并向东亚地区运行。强烈的热带风暴和台风可以掀起惊涛骇浪，连万吨海轮也会被卷进海底。

太平洋岛屿众多，主要分布于西部和中部海域，按性质分为大陆岛和海洋岛两大类。

大陆岛一般在地质构造上与大陆有联系，如日本群岛、台湾岛、菲律宾群岛、印度尼西亚群岛及世界第二大岛新几内亚岛等。

海洋岛分为火山岛和珊瑚岛。太平洋中部偏西的广大海域自西向东有三大群岛：美拉尼西亚、密克罗尼西亚和波利尼西亚。

其中，美拉尼西亚群岛多为大陆岛，波利尼西亚群岛的夏威夷群岛是著名的火山群岛，密克罗尼西亚群岛几乎都是珊瑚岛。

太平洋沿岸和太平洋中居住着世界总人口的近50%。近年来，太平洋地区的经济发展比较迅速，已引起世界的普遍关注。

大西洋

大西洋位于南、北美洲和非洲之间，南接南极洲，通过深入内陆的属海地中海、黑海与亚洲濒临。

大西洋面积约为9430万平方千米，是世界第二大洋。大西洋沿岸和大西洋中有近70个国家和地区。欧洲西部，南、北美洲的

东部，非洲的几内亚湾沿岸，濒临辽阔的大西洋是各大洲经济比较发达的地区。

印度洋

印度洋的东、西、北三面是陆地，分别是澳大利亚大陆、非洲大陆和亚洲大陆，东南部和西南部分别与太平洋、大西洋携手相连，南靠白雪皑皑的南极洲。

印度洋的面积为7492万平方千米，占世界海洋总面积的20%左右，是世界第三大洋。

印度洋中的岛屿较少，大多分布在北部和西部，主要有马达加斯加岛和斯里兰卡岛，以及安达曼群岛、尼科巴群岛、科摩罗群岛、塞舌耳群岛、查戈斯群岛、马尔代夫群岛和留尼汪岛等。

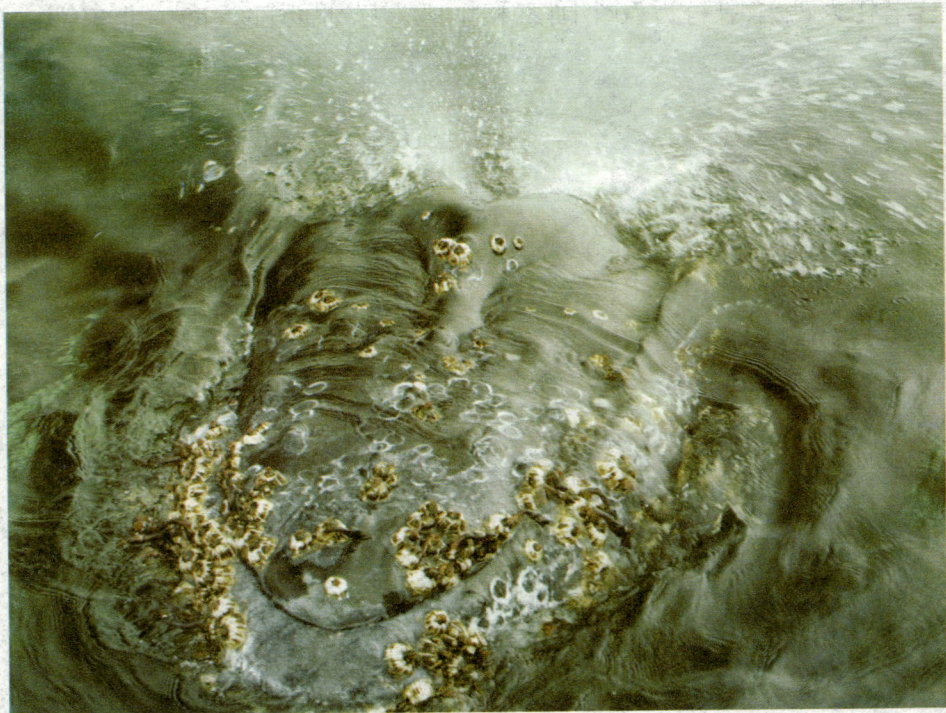

印度洋的周围有30多个国家和地区，除大洋洲的澳大利亚以外，其余都属于发展中国家。

北冰洋

北冰洋大致以北极为中心，被亚欧大陆和北美大陆所抱。它通过格陵兰海及一系列海峡与大西洋相接，并以狭窄的白令海峡与太平洋相通。

北冰洋的面积为1230万平方千米，是世界上面积最小、水体最浅的大洋。因此，有人认为北冰洋不能同其他大洋相提并论，它不过是亚、欧、美三大洲之间的地中海，附属于大西洋，被称为北极地中海。

北冰洋地处北极圈内，气候寒冷，有半年时间绝大部分地区的平均气温为零下20摄氏度至零下40摄氏度，并且没有真正的夏季，边缘海域有频繁的风暴，是世界上最寒冷的大洋。同时，

这里还有奇特的极昼、极夜、现象。夏天，连续白昼，淡淡的夕阳一连好几个月在洋面附近徘徊；冬季，漫漫黑夜，星星始终在黑黝黝的天穹闪烁。最奇妙的是在北极的天空中还可看到色彩缤纷、游动变幻的北极光。

延 伸 阅 读

　　过去，美国和西欧一些国家曾把海洋划分成7个部分，即北冰洋、北大西洋、南大西洋、北太平洋、南太平洋、印度洋和南冰洋。海与洋的区分和洋的划分事实上并无严格的一定之规。

海色和水色的不同

海色

海色是人们看到的大面积的海面颜色。经常接触大海的人会有这样的感受，海色会因天气的变化而变化。

当阳光普照、晴空万里的时候，海面颜色会蓝得光亮耀眼；当旭日东升、朝霞辉映之下，或者夕阳西下、光辉反照之际，可以把大海染得金光闪闪；而当阴云密布、风暴逞凶的时候，海面

又显得阴沉，一片暗蓝。当然，这种受天气状况影响而造成的视觉印象只是一种表象，它并不能反映海洋水颜色的真正面貌。

水色

水色，是指海洋水体本身所显示的颜色。它是海洋水对太阳辐射能的选择、吸收和散射现象综合作用的结果，与天气状况没有什么直接的关系。平时，我们看到的灿烂阳光是由红、橙、黄、绿、青、蓝、紫7种颜色的光合成的。

这些不同颜色的光线，波长是不相同的。而海水对不同波长的光线，无论是吸收还是散射，都有明显的选择性。在吸收方面，进入海水中的红、黄、橙等长波光线在30米至40米的深处，几乎全部被海水吸收。而波长较短的绿、蓝、青等光线，尤其是蓝色光线，则不容易被吸收，并且大部分反射出海面。在散射方面，整个入射光的光谱中，蓝色光是被水分子散射得最多的一种颜色。所以，大洋的海水看起来就是一片蓝色。

海洋水的透明度

海洋水的透明度与水色取决于海水本身的光学性质，它们与太阳光线有一定的关系。一般说来，太阳光线越强，海水的透明度越大，水色就越高，光线透入海水中的深度也就越大。

反过来，太阳光线越弱，海水透明度就越小，水色就越低，透入光线也就越浅。

所以，随着透明度的逐渐降低，海洋的颜色一般由绿色、青绿色转为青蓝、蓝、深蓝色。

此外，海洋水中悬浮物的性质和状况对海水的透明度和水色也有很大的影响。大洋部分水域辽阔，悬浮物较少，并且颗粒比较细小，透明度较大，水色也多呈蓝色。

比如，位于大西洋中央的马尾藻海域受大陆江河影响小，海水盐度高，加上海水运动不强烈，悬浮物质下沉快，生物繁殖较慢，透明度高达66.5米，是世界海洋中透明度最高的海域。大洋

边缘的浅海海域由于大陆泥沙混浊，悬浮物较多，并且颗粒较大，透明度较低，水色则呈绿色、黄绿色或黄色。

例如，我国沿海的胶州湾海水透明度为3米，而渤海黄河口附近海域海水透明度仅有1米至2米。

延 伸 阅 读

从地理分布上来看，大洋中的水色和透明度随纬度的不同也有不同。热带、亚热带海区水层稳定，水色较高，多为蓝色；温带和寒带海区水色较低，海水并不显得那样蓝。

海洋探测的顺风耳

回声的利用

大家都知道，当我们对着山丘或高大建筑物高声喊叫时，声音会在碰到它们之后反射回来，这就叫作回声。而声音在水中传播的性能和速度比在空气中传播得还要好，还要快。声音在空气中的传播速度是每秒340米，而在0摄氏度水中是1500米。此外，声波在水中的衰减比在空气中小，因此声音在水中比在空气中传播得更远。

声音在水中遇到障碍物之后，也会反射回来。这样，根据声

波在水中的传播速度，只要测出声音从船上发射再反射到船上的时间，就能知道海的深度。这就是利用回声来测量海深的道理。但实际上，问题要比我们想象的复杂得多。这主要是由于声波在海水中传播的速度不是固定不变的，它是随海水温度、盐度和水深的变化而变化的。

什么是声呐

实际上，声呐就是人们利用水声能量进行水下观测和通信的一种仪器。声波在海水里并不是直线传播的，不同的水域、不同的水深、不同的障碍物以及海底和地形，都会对声音的传播产生影响。

而声呐正是利用了这一原理，通过回收不同的回声来探测海水的不同界面、海洋深度以及海底地形等。声呐基本上可以分为以下两种。

第一种可以称为主动声呐。它可以发射声波，遇到目标时会产生回声。而声呐里装有能感受声音的装置，这样声呐就可接收这种回声，并加以处理，然后在显示器上显示出目标的方位、大小及形状，有的还能根据回声的大小确定目标的远近。

第二种可以称为被动声呐。这种声呐不能发射声波，它只接收目标发出的噪音，然后加以处理并将结果显示出来。按照声呐安放的位置还可以将声呐分为舰艇载、飞机载和固定式3种。

工作原理

在水中进行观察和测量，具有得天独厚的条件的只有声波。这是由于其他探测手段的作用距离都很短：光在水中的穿透能力很有限，即使在最清澈的海水中，人们也只能看到十多米至几十米内的

物体；电磁波在水中也衰减太快，而且波长越短，损失越大，即使用大功率的低频电磁波也只能传播几十米。

然而，声波在水中传播的衰减就小得多。在深海声道中爆炸一枚几千克的炸弹，在20000千米外还可以收到信号。低频的声波还可以穿透海底几千米的地层，并且得到地层中的信息。

延 伸 阅 读

在温度为0摄氏度的海水里，声音的速度每小时可达5000多千米，比在空气中的传播速度快4倍多；在30摄氏度的海水里，声音的速度每小时可以达5600多千米；在含盐多的水里，声音传播的速度比在含盐少的水中要快。

海洋中的暖气管

偏离轨道造成的危害

1953年，黑潮，即暖流偏离了常年的轨道，大约向南移动了170千米，翌年就在江淮流域出现了百年未见的大水。

1957年，它又一次偏离了常轨，平均位置向北移动，长江流域发生了严重的干旱。

1958年，它再次北偏。结果，长江流域再次发生干旱，同时，华北有涝情出现。

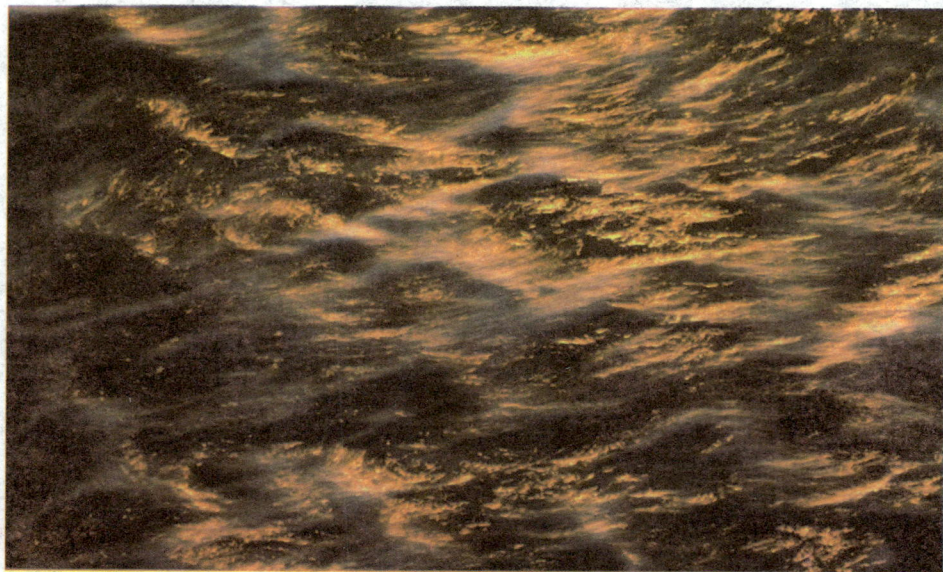

类似的情况还发生了好几次。经过我国气象工作者的研究，找到了其中的规律性。

偏离原因

原来，海洋水温对大气有直接影响。据科学家计算，一立方厘米的海水降低两摄氏度释放出的热量可使3000多立方厘米的空气温度升高。而海水又是透明的，太阳辐射能传至较深的地方，使相当厚的水层贮存着热量。

假若全球100米厚的海水降低1摄氏度，其放出的热能可使全球大气增加60摄氏度。

另外，高温的黑潮与北方相对低温的海水之间存在着明显的温度差，形成了一条很强的海洋锋区，通过海洋与大气间的相互作用，就会使气候发生变化。

大气区正是冷暖空气交界的地方，所以是降雨区域。因此才会有以上现象的发生。

世界各地的暖流

对马暖流：太平洋南赤道暖流遇苏门答腊岛后形成的暖流的北半部分，起源于我国的黄海海域。因流经日本九州岛和朝鲜半岛间的对马海峡而得名，北至库页岛西侧。

东澳大利亚暖流：太平洋南赤道暖流约在东经170度南纬23度附近。它沿澳大利亚东岸南下，再沿新西兰西岸转向北漂流，其流速为每秒0.2米至0.8米。

莫桑比克暖流：南印度洋西部的暖流，印度洋南赤道洋流遇非洲大陆转向，其中一支沿非洲东岸，与马达加斯加岛之间的莫桑比克海峡南流形成莫桑比克暖流。其延续部分直达非洲南端厄加勒斯角沿岸，最后漂流。

由此可见，海洋长期积蓄着的大量热能成为一个巨大的"热站"，通过能量的传递，不断地影响着气候的变化。

　　然而，改造海洋暖流使气候变暖，至今仍是纸上谈兵。能否可行并付诸实施，充分开发和利用海洋中积蓄着的热能造福人类，这还有待科学技术的发展和人类驾驭自然能力的提高，并将成为各国科学家亟待攻克的世纪难题。

延　伸　阅　读

　　海洋中的暖流所蕴藏的巨大热能和对气候的影响，以及暖流可以使沿岸增加湿度并提高温度，更有助于生物的生长与发展，这些引起了各国科学家的广泛关注。其中，最主要的是湾流与黑潮。

海底的丰富资源

海底石油

一般来讲，分布于海底的石油和天然气不论其生成环境是否属于海洋环境，都属于海底石油资源的一部分。

40多年来，海上石油勘探工作查明，海底含有大量的石油和天然气资源。据1979年的统计显示，世界近海海底已探明的石油

可采储量为220亿吨，天然气储量为17万亿立方米，分别占当年世界石油和天然气探明总可采储量的24%和23%。

　　海底有石油，在以前是非常不可思议的事情。自从19世纪末人们在海底发现石油以后，科学家研究了石油生成的理论。在中、新生代，海底板既包括海洋中的浮游生物的遗体（它们在特定的有利环境中大量繁殖），也包括河流从陆地带来的有机质。这些沉积物被沉积的泥沙埋藏在海底，构造运动使盆地岩石变形，形成断块和背斜。伴随着构造运动而发生岩浆活动，产生大量热能，加速有机质转化为石油，并在圈闭中聚集和保存，成为现今的陆架油田。

　　在我国沿海和各岛屿附近海域的海底，石油和天然气资源的储藏量也非常可观。有人估计中国近海石油储量为100万吨～250万吨，我国无疑是世界海洋油气资源丰富的国家之一。

渤海属于我国首个开发的海底油田，渤海大陆架位于华北沉降堆积的中心，大部分已被发现的新生代沉积物厚达4000米，最厚达7000米。这是很厚的海陆交互层，周围陆上的大量有机质和泥沙沉积其中，渤海的沉积又是在新生代第三纪适于海洋生物繁殖的高温气候下进行的，这对油气的生成极为有利。由于断陷伴随褶皱形成了大量的背斜带和构造带，形成各种类型的油气藏。东海大陆架十分宽广，沉积厚度大于200米。外国人认为，东海是世界石油远景最好的地区之一，东海天然气储量潜力可能比石油还要大。

科学家在南海大陆架发现了一个很大的沉积盆地，新生代地层为2000米～3000米，有的达6000米～7000米，具有良好的生油

和储油岩系。生油岩层厚达1000米~4000米，已探明的石油储量为6.4亿吨，天然气储量为9800亿立方米，是世界海底石油的富集区。因此，某些国外石油专家认为，南海的石油储藏量或许可以与波斯湾或北海油田相媲美。

海上石油资源开发利用前途非常光明。但是，由于在海上寻找和开采石油的条件与在陆地上不同，技术手段要比陆地上的复杂一些，建设投资比陆地上的高，风险要比陆地上的大，因此，当今世界海洋石油开发活动比较流行的是国际合作的方式。

生物资源

海洋是生命的最初诞生的地方，从第一个有生命力的细胞诞生至今，仍有20多万种生物生活在海洋中。从低等植物到高等植物，从植食动物到肉食动物，加上海洋微生物，构成了一个庞大的海洋生态系统，蕴藏着不可限量的生物资源。

在遥远的古代，人类就已经开始食用海洋食品了。古埃及人曾在尼罗河和地中海上捕鱼，并试图在池塘里进行人工养殖，因为鱼类是他们的蛋白质的最佳来源。古希腊人也广泛地利用鱼类和贝类，包括海水和淡水中的，他们将鱼类和贝类制作成美味的罐头以及咸干鱼。

近年来，科学家研究发现，海洋食品中含有蛋白质、碳水化合物、类脂化合物、维生素和矿物质，这些都是人类生长发育、健康长寿的必不可少的营养成分。现在，大多数人已经认识到，海洋食品对于人类来说是一种绝佳的营养来源。

藻类在海洋生物资源中占有特殊的重要地位。

比较常见的藻类主要包括：蓝藻中的地木耳、发菜、葛仙米、大螺旋藻；绿藻中的绿紫菜、苔菜、石莼；红藻中的紫菜、石花菜；褐藻中的海带、裙带菜。大多数海藻性甘、味寒、属

咸，是人们非常喜爱的佳肴。

藻类食品含有丰富的营养成分，具体如下：

蛋白质：不同种类的藻类植物其蛋白质含量也不同。通常来讲，绿藻和红藻的含量要远远高于棕色海藻。绿藻的蛋白质含量在10%～26%之间，而红藻的含量更要高一些，红藻的有些种类的蛋白含量可达到47%，远远超过了黄豆的蛋白质含量。海藻的蛋白质含量会跟随季节发生变化，通常冬季末和春季的蛋白质含量较高，夏季的蛋白质含量较低。

糖类：藻类植物的糖类含量较高，多数是有黏性的糖类。这些糖非常不容易被人体吸收，作为热源其营养价值不高，但具有调理肠胃的作用。

维生素：藻类富含多种维生素，其中 β－胡萝卜素含量最高，特别是紫菜，每100克干制品含量可达11000国际单位。

灰分：藻类植物大部分都含有丰富的灰分，如发菜中的钙含量可达2.5%，海带中则为1.3%；紫菜中含钾量达1.6%，海带中则为1.5%；海藻中碘含量高，如海带为0.2%～0.5%，裙带菜为0.02%～0.1%，碘在预防甲状腺肿方面的效果非常显著。

了解过了藻类植物，在海洋生物中还有大量的动物资源，其中有1.5万～4万种鱼类，对虾等壳类动物两万多种，贝壳等软体动物8万多种，还有鲸、海参、海豹、海象、海鸟等，构成了生机勃勃的海洋世界。在海洋水产业中，鱼类是水产品的主体，占据着最重要的位置。目前，世界各地从海洋中捕捞的大量水产品中，90%以上是鱼类，其余为鲸类、甲壳类和软体动物等。鱼类种类繁多，可供食用的就有1500种之多。鱼类属于养生的佳品，营养价值非常高，味道鲜美，经常食用可健脑益智。

海洋运输

海洋运输在各国贸易运输中占有很重要的位置，据联合国贸发会议发表的报告，1995年世界货物海运量达创纪录的46.5亿吨。海运的结构模式是"港口—航线—港口"，通过国际航线和大洋航线联结世界各地的港口，其所形成的运输网络对区域经济的世界化和世界范围内的经济联系发挥着极其重要的作用。

不难发现，亚太地区在世界航运市场的位置日益重要，本世纪初，大西洋独占全球海运量的3/4，直到20世纪80年代，这一状况才开始出现较大改变，随着东亚经济的崛起，国际航运市场明显东移。目前，环太平洋地区已控制着世界船队主要运力的40％，其中东亚港口集装箱装运量在1985年时为1617.9万箱，占世界装运量的29％，而1994年已增加到5373.3万箱，占世界装运量的比重猛增至43％。1995年，东亚港口集装箱装卸量已达6100

万箱，占世界的比重继续扩大。目前，位居世界集装箱装卸量前五名的港口有4个位于亚洲，分别为香港、新加坡、高雄和釜山（另一个是鹿特丹，居第四位）。

据有关方面对1994年世界前二十大班轮公司的评析指出，远东地区班轮公司（船队）最有潜力。

方便旗船日趋扩大。在方便旗船的构成中，日本、希腊、美国等发达国家拥有的吨位占绝对优势。世界上比较有代表性的方便旗船国家有利比里亚、巴拿马、塞浦路斯、马尔他、巴哈马等国。利比里亚原为世界上最大的方便旗船国家，近年因国内政局不稳地位有所下降。巴拿马已取代利比里亚成为世界上最大的方便旗船国，其船队规模已达1亿吨左右。

绿色航运

航运给环境带来的污染风险已经存在了很长时间，灾难性事故频发，船舶压载水携带有害水生物，威胁海洋生物多样性和人类生命安全。航运船只造成的大气污染，温室气体排放量大，船

舶生活垃圾及废水排放，严重污染了海洋环境。绿色航运指的是在航运发展过程中注重经济效益与环境效益并重，强调在航运过程中注重保护环境，使之满足可持续发展的要求。

要继续进行航运技术的研究，提高设备的性能，加强船舶防止污染管理水平，有效控制和消除有害污染物质，避免对海洋、大气、土壤造成污染。

海底电缆：海底电缆是用绝缘材料包裹的导线，铺设在海底，用于电信传输。海底电缆分为海底通信电缆和海底电力电缆。现代的海底电缆都是使用光纤作为材料，传输电话和互联网信号。全世界第一条海底电缆是1850年由英国和法国共同建造的。中国的第一条海底电缆在1888年顺利完工。

海底通信电缆多用于长距离通讯网、远距离岛屿之间和跨海军事设施等较重要的场合。海底电力电缆敷设距离较通信电缆相比要短得多，主要用于陆岛之间、横越江河或港湾，从陆上连接钻井平台或钻井平台间的互相连接等。

海底电缆在近海地区应用的市场前景非常广阔。在岛屿和河流较多的国家，海底电缆应用较广泛。

四大洋海底电缆：1902年，英国在太平洋海底建造了第一条海底电缆。3年后，美国也在太平洋敷设了电缆。现在，许多国家来往都有了自己的海底电缆。20世纪70年代，北大西洋海底已经接通电缆，其总长达20万千米，其中16条是连接西欧与北美间的海底电缆。此外，大西洋上空也是联系西欧、北美、南美和非洲之间的交通要道。

人们在印度洋海底的北部也建造了大量的电缆，比较有代表性的线路有亚丁—孟买—马德拉斯—新加坡线，亚丁—科伦坡线，东非沿岸线。另外，塞舌尔群岛的马埃岛、毛里求斯岛和科科斯群岛是主要的海底电缆枢纽站。

延 伸 阅 读

由于北冰洋被大量的冰块覆盖，因此没有进行海底电缆的敷设。近年来，因全球气候变暖，北冰洋的冰开始融化，再结合使用破冰船，敷设海底电缆将成为可能。